Janaki H. Chauhan

# Estratégias para otimizar os resultados terapêuticos

Janaki H. Chauhan

# Estratégias para otimizar os resultados terapêuticos

## Percepções moleculares: Receptores, Dose-Resposta e Interacções Medicamentosas

ScienciaScripts

Cover image: www.ingimage.com

This book is a translation from the original published under ISBN 978-620-6-84606-2.

Publisher:
Sciencia Scripts
is a trademark of
Dodo Books Indian Ocean Ltd. and OmniScriptum S.R.L publishing group

120 High Road, East Finchley, London, N2 9ED, United Kingdom
Str. Armeneasca 28/1, office 1, Chisinau MD-2012, Republic of Moldova, Europe
Printed at: see last page
**ISBN: 978-620-7-65567-0**

Conteúdo

CAPÍTULO 1

# FARMACODINÂMICA: UMA INTRODUÇÃO

A farmacodinâmica, um aspeto fundamental da farmacologia, investiga os mecanismos intrincados que regem a forma como os medicamentos induzem efeitos no organismo. No seu cerne está a interação entre os medicamentos e receptores específicos, que podem ser proteínas, enzimas ou canais iónicos. Estes receptores são a base da eficácia dos medicamentos, sendo os receptores acoplados à proteína G (GPCR), os canais iónicos e as enzimas os tipos mais comuns. A dicotomia entre agonistas, que desencadeiam respostas, e antagonistas, que impedem essas respostas, caracteriza as várias formas como os fármacos envolvem estes receptores. A relação dose-resposta, representada graficamente por uma curva dose-resposta, revela conhecimentos sobre a potência do fármaco (quantidade para um efeito específico) e a eficácia (efeito máximo que se pode obter). A compreensão da interação das vias de transdução de sinal, influenciadas pelos fármacos, fornece uma perspetiva do seu impacto mais vasto nas funções celulares. Além disso, as interacções medicamentosas, quer sejam aditivas, sinérgicas ou antagónicas, contribuem para a paisagem matizada da farmacodinâmica. O campo reconhece a variabilidade individual na resposta aos fármacos, considerando factores como a genética, a idade e os medicamentos concomitantes, cruciais para a adaptação de terapias medicamentosas eficazes e seguras. Esta compreensão abrangente não só optimiza a utilização atual dos medicamentos, como também estabelece as bases para o desenvolvimento de novos agentes terapêuticos.

Os princípios de ação dos medicamentos englobam os conceitos fundamentais que regem a forma como os medicamentos interagem com o organismo para produzir os seus efeitos. Estes princípios são essenciais para compreender os mecanismos pelos quais os medicamentos exercem os seus efeitos terapêuticos ou adversos. Eis os princípios fundamentais da ação dos medicamentos:

1. **Interação com o recetor:**

- Muitos medicamentos exercem os seus efeitos através da interação com receptores específicos no organismo. Os receptores são normalmente proteínas e a ligação fármaco-recetor desencadeia uma série de acontecimentos que conduzem a uma resposta fisiológica.

2. **Modelo com fechadura e chave:**

- O modelo da chave e do cadeado é uma metáfora que ilustra a especificidade das interacções fármaco-recetor. Tal como uma chave se encaixa numa fechadura, uma molécula de fármaco liga-se seletivamente ao seu recetor-alvo.

3. **Especificidade e seletividade:**

- Os medicamentos são concebidos para serem específicos na sua ação, visando receptores ou vias biológicas particulares. A seletividade garante que um medicamento afecta o alvo pretendido com um impacto mínimo noutros sistemas fisiológicos.

4. **Agonistas e antagonistas:**

- Os agonistas são fármacos que activam os receptores e produzem uma resposta biológica, imitando a ação de substâncias endógenas. Os antagonistas, por outro lado, bloqueiam ou inibem a ação dos agonistas, impedindo que o recetor seja ativado.

5. **Inibição enzimática:**

- Alguns medicamentos actuam através da inibição de enzimas específicas, perturbando as vias bioquímicas. A inibição enzimática pode modular vários processos fisiológicos e é um mecanismo comum de ação dos medicamentos.

6. **Modulação de canais iónicos:**

- Os fármacos podem influenciar os canais iónicos, regulando o fluxo de iões através das membranas celulares. Esta modulação dos canais iónicos é crucial para controlar a sinalização eléctrica nas células.

7. **Alteração da função celular:**

- Os medicamentos podem modificar as funções celulares influenciando as vias de transdução de sinal, a expressão genética ou outros processos intracelulares. Isto pode levar a alterações no comportamento ou na função das células.

8. **Farmacocinética e Farmacodinâmica:**

- Os princípios de ação dos medicamentos estão intimamente ligados à farmacocinética (absorção, distribuição, metabolismo e excreção dos medicamentos) e à farmacodinâmica (efeitos dos medicamentos e respectivos mecanismos). A concentração de um fármaco no seu local de ação é um fator determinante do seu efeito farmacológico.

9. **Índice terapêutico:**

- O índice terapêutico representa a margem de segurança de um medicamento e é o rácio entre a dose que produz um efeito terapêutico e a dose que produz toxicidade. Um índice terapêutico mais elevado indica um medicamento mais seguro.

A compreensão destes princípios é crucial para a conceção racional de medicamentos, optimizando os resultados terapêuticos e minimizando os efeitos adversos. Os investigadores e os profissionais de saúde utilizam estes princípios para desenvolver e prescrever medicamentos adaptados a alvos fisiológicos específicos, tendo em conta as características individuais dos doentes.

**Os mecanismos de ação dos medicamentos**

Os mecanismos de ação dos medicamentos referem-se aos processos bioquímicos e fisiológicos específicos através dos quais os medicamentos produzem os seus efeitos no organismo. As diferentes classes de medicamentos actuam através de vários mecanismos, interagindo com alvos específicos, como receptores, enzimas ou canais iónicos. Eis alguns mecanismos comuns de ação dos medicamentos: "Os medicamentos exercem os seus efeitos através de vários mecanismos de ação, visando processos moleculares e celulares específicos no organismo. Um mecanismo comum é a ligação aos receptores, em que um fármaco interage com receptores específicos nas superfícies celulares ou no interior das células, aumentando ou inibindo as vias de sinalização normais. Por exemplo, os agonistas activam os receptores, imitando a ação de compostos endógenos, enquanto os antagonistas bloqueiam a ativação dos receptores. Outro mecanismo envolve a inibição enzimática, em que os fármacos interferem com a atividade das enzimas envolvidas em reacções bioquímicas, perturbando a produção de substâncias-chave. Alguns fármacos alteram a função dos canais iónicos, afectando o fluxo de iões através das membranas celulares e modulando a excitabilidade celular. Além disso, os medicamentos podem afetar a estrutura ou a função das membranas celulares, influenciando a comunicação celular. A imunomodulação é outro mecanismo, em que os medicamentos modificam a resposta imunitária para tratar doenças como as doenças auto-imunes. A compreensão destes mecanismos é crucial para o desenvolvimento de intervenções terapêuticas eficazes e direccionadas em vários contextos médicos".

1. **Ligação ao recetor:**

- Muitos medicamentos exercem os seus efeitos ligando-se a receptores específicos na superfície das células ou no interior das mesmas. Os receptores podem ser proteínas e a ligação fármaco-recetor desencadeia uma cascata de acontecimentos que conduzem a uma resposta biológica. Os exemplos incluem os receptores acoplados à proteína G (GPCR), os canais iónicos ligados a ligandos e os receptores ligados a enzimas. A ligação aos receptores é um mecanismo fundamental através do qual os medicamentos exercem os seus efeitos no organismo. Na sua essência, este processo envolve a interação entre fármacos e receptores específicos localizados nas superfícies celulares ou no interior das células. Estes receptores são tipicamente proteínas que desempenham papéis cruciais na sinalização e comunicação celular. Neste contexto, os fármacos podem atuar como agonistas ou antagonistas. Os agonistas ligam-se aos receptores e activam-nos, imitando os efeitos de compostos endógenos como os neurotransmissores ou as hormonas. Esta ativação desencadeia uma resposta celular, conduzindo a vários efeitos fisiológicos. Em contrapartida, os antagonistas ligam-se aos receptores sem os ativar, bloqueando assim as vias de sinalização naturais e impedindo a ligação de substâncias endógenas. A especificidade das interacções fármaco-recetor é fundamental para a sua eficácia terapêutica, uma vez que permite a modulação orientada dos processos fisiológicos. Compreender os meandros da ligação aos receptores é essencial para o desenvolvimento de medicamentos, uma vez que permite a conceção de medicamentos que podem influenciar seletivamente vias específicas para tratar várias condições médicas.

2. **Inibição enzimática:**

- Alguns medicamentos actuam através da inibição de enzimas, interrompendo as vias bioquímicas. As enzimas são fundamentais para vários processos fisiológicos, e a sua inibição pode modificar ou bloquear reacções metabólicas específicas. Por exemplo, as estatinas inibem as enzimas envolvidas na síntese do colesterol.

3. **Modulação de canais iónicos:**

- Os medicamentos podem afetar os canais iónicos, que são proteínas que controlam a passagem de iões através das membranas celulares. A modulação dos canais iónicos pode influenciar a atividade eléctrica das células, como no caso dos medicamentos antiarrítmicos que afectam os canais iónicos cardíacos.

4. **Alterar a expressão dos genes:**

- Certos medicamentos podem influenciar a expressão genética através da interação com receptores nucleares. Estes receptores, uma vez activados por um medicamento, podem afetar diretamente a transcrição de genes específicos, conduzindo a alterações na síntese proteica. Os receptores nucleares estão frequentemente associados a receptores de ADN.

5. **Estabilização da membrana celular:**

- Alguns medicamentos estabilizam as membranas celulares através da interação com lípidos ou proteínas da membrana. Isto é relevante em doenças como a epilepsia, em que os fármacos antiepilépticos actuam estabilizando as membranas neuronais e reduzindo a excitabilidade.

6. **Modulação de neurotransmissores:**

- Os medicamentos podem alterar os níveis ou a atividade dos neurotransmissores na fenda sináptica. Por exemplo, os antidepressivos podem inibir a recaptação da serotonina, levando a um aumento dos níveis do neurotransmissor e a uma melhoria do humor.

7. **Alteração da função celular:**

- Os fármacos podem influenciar as vias de sinalização intracelular, conduzindo a alterações na função celular. Isto pode envolver a ativação ou inibição de várias proteínas dentro da célula.

8. **Imunomodulação:**

- Alguns medicamentos modulam o sistema imunitário, quer aumentando quer suprimindo as respostas imunitárias. Os medicamentos imunomoduladores são utilizados em condições como as doenças auto-imunes ou para evitar a rejeição de órgãos transplantados.

A compreensão dos mecanismos específicos de ação dos medicamentos é crucial para o desenvolvimento de intervenções terapêuticas eficazes e orientadas. Permite aos profissionais de saúde prever os potenciais efeitos e efeitos secundários de um medicamento, adaptar o tratamento a cada doente e otimizar os resultados terapêuticos.

**Introdução aos receptores:** Os receptores são moléculas especializadas no corpo que se ligam a moléculas de sinalização específicas, como hormonas, neurotransmissores ou

medicamentos. Quando uma molécula sinalizadora se liga ao seu recetor correspondente, desencadeia uma resposta celular, influenciando vários processos fisiológicos. Os receptores desempenham um papel crucial na mediação dos efeitos de compostos endógenos e substâncias exógenas, incluindo fármacos terapêuticos .

Os receptores desempenham um papel fundamental na intrincada rede de comunicação celular dos organismos vivos. Estas proteínas especializadas estão estrategicamente localizadas nas superfícies celulares, no interior das células ou mesmo na matriz extracelular, onde funcionam como guardiões moleculares, interpretando sinais e facilitando respostas a vários estímulos. O termo "recetor" refere-se a um grupo diversificado de proteínas que podem reconhecer e ligar moléculas específicas, como neurotransmissores, hormonas ou outras moléculas de sinalização. Este evento de ligação desencadeia uma série de eventos intracelulares, iniciando respostas celulares que regulam os processos fisiológicos.

Os receptores são de vários tipos, incluindo os receptores acoplados à proteína G (GPCR), os canais iónicos ligados a ligandos, os receptores ligados a enzimas e os receptores nucleares. Os GPCR, por exemplo, estão envolvidos na regulação de numerosas funções fisiológicas, desde a perceção sensorial à resposta imunitária. Os canais iónicos ligados a ligandos, por outro lado, controlam o fluxo de iões através das membranas celulares em resposta à ligação de ligandos, influenciando a excitabilidade celular. Os receptores ligados a enzimas têm frequentemente atividade cinase, iniciando cascatas de sinalização intracelular após a ligação do ligando.

Compreender os meandros da função dos receptores é essencial para compreender a forma como os fármacos e as moléculas de sinalização endógenas influenciam os processos celulares. O campo da farmacologia baseia-se fortemente no estudo dos receptores, uma vez que os fármacos modulam frequentemente a sua atividade para obter efeitos terapêuticos. A ligação específica de um fármaco ao seu recetor alvo permite a manipulação precisa de vias fisiológicas, oferecendo oportunidades para intervenções terapêuticas em várias condições médicas. O estudo dos receptores e das suas interacções constitui a base para os avanços no desenvolvimento de medicamentos e para uma compreensão mais ampla da sinalização celular na saúde e na doença.

CAPÍTULO 2

# Tipos e subtipos de receptores: Visão geral aprofundada

Os receptores são componentes integrais da comunicação celular, servindo como interruptores moleculares que transduzem sinais do ambiente extracelular para o meio intracelular. Estes receptores são muito diversos, reflectindo a miríade de formas pelas quais as células respondem a vários estímulos. As duas principais categorias de receptores são os receptores de proteínas e os receptores de ADN, cada um com subtipos distintos. A compreensão destes tipos e subtipos de receptores é fundamental para desvendar os meandros da farmacologia e da ação dos medicamentos.

**1. Receptores de proteínas:**

**- Receptores acoplados à proteína G (GPCRs):**

- Os GPCRs são a maior e mais diversificada família de receptores de superfície celular, desempenhando um papel fundamental na transdução de sinais. Respondem a uma série de ligandos, incluindo neurotransmissores, hormonas e sinais sensoriais. Os exemplos incluem os receptores beta-adrenérgicos que respondem a catecolaminas como a adrenalina e são alvo de beta-bloqueadores (por exemplo, propranolol) e beta-agonistas (por exemplo, albuterol).

**- Canais de iões com ligação a ligandos:**

- Os canais iónicos dependentes de ligandos são proteínas integrais de membrana que regulam o fluxo de iões através das membranas celulares em resposta à ligação de ligandos. O recetor nicotínico da acetilcolina, afetado pela nicotina, é um exemplo ilustrativo.

**- Receptores ligados a enzimas:**

- Os receptores ligados a enzimas são receptores que possuem atividade enzimática intrínseca ou estão associados a enzimas intracelulares. O recetor de insulina, ativado pela insulina, é crucial para a homeostase da glicose. Fármacos como a insulina e os medicamentos antidiabéticos orais modulam este recetor.

**2. Receptores D:**

- Os receptores de ADN, frequentemente designados por receptores nucleares, têm um impacto direto na expressão genética. Estes receptores respondem a ligandos lipofílicos, incluindo as hormonas esteróides e as hormonas da tiroide. Os exemplos incluem:

**- Receptores de glucocorticóides:**

- Activados pelas hormonas glucocorticóides, como o cortisol, os receptores de glucocorticóides regulam diversos processos fisiológicos. Os glucocorticóides sintéticos, como a prednisona, são utilizados terapeuticamente para modular estes receptores.

**- Receptores de estrogénio:**

- Responsivos às hormonas estrogénicas, os receptores de estrogénio desempenham um papel fundamental nos tecidos reprodutivos e não só. Medicamentos como o tamoxifeno actuam como moduladores dos receptores de estrogénio, influenciando a sinalização dos estrogénios.

A compreensão da dinâmica destes tipos e subtipos de receptores é essencial para o desenvolvimento de medicamentos e intervenções terapêuticas. Os agonistas e antagonistas, que activam ou inibem estes receptores, respetivamente, constituem a base das estratégias farmacológicas. Este conhecimento complexo permite a conceção de medicamentos que visam seletivamente receptores específicos, optimizando os resultados terapêuticos e minimizando os efeitos adversos.

Mensageiros químicos e interacções com receptores de drogas. Os mensageiros químicos são fundamentais na comunicação celular, com neurotransmissores, hormonas, citocinas e moléculas de sinalização local a orquestrarem uma miríade de processos fisiológicos. Os receptores, proteínas especializadas nas superfícies celulares ou no interior das células, reconhecem e ligam-se a estes mensageiros, dando início a respostas celulares. Os receptores acoplados à proteína G (GPCRs), os canais iónicos ligados a ligandos e os receptores ligados a enzimas são tipos comuns. As complexidades destas interacções constituem a base da sinalização celular. No domínio farmacêutico, os medicamentos tiram frequentemente partido destes mecanismos. Os agonistas imitam os ligandos endógenos, os antagonistas bloqueiam os receptores e os moduladores ajustam as respostas. A compreensão destas interacções fármaco-recetor é fundamental para o desenvolvimento de terapias orientadas, garantindo que os medicamentos influenciam seletivamente vias específicas. Esta compreensão diferenciada não só estimula o desenvolvimento de fármacos, como também faz avançar a nossa compreensão da fisiologia normal e dos processos patológicos.

Os mensageiros químicos, também conhecidos como ligandos, são moléculas de sinalização que transmitem informações dentro do corpo. Estes mensageiros podem ser substâncias endógenas, como os neurotransmissores ou as hormonas, ou substâncias exógenas, como os fármacos. A interação entre estes mensageiros químicos e os seus receptores correspondentes é um aspeto crucial da farmacologia e da ação dos medicamentos.

**1. **Neurotransmissores:**

- Os neurotransmissores são mensageiros químicos que transmitem sinais através das sinapses, as junções entre as células nervosas. Exemplos incluem a dopamina, a serotonina e a acetilcolina. Os medicamentos podem interagir com os receptores de neurotransmissores para modular a transmissão sináptica. Por exemplo, os inibidores selectivos da recaptação da serotonina (ISRS) aumentam os níveis de serotonina bloqueando a sua recaptação.

**2. **Hormonas:**

- As hormonas são mensageiros químicos produzidos pelas glândulas endócrinas e libertados na corrente sanguínea para regular as funções fisiológicas. Exemplos incluem a insulina, o cortisol e as hormonas da tiroide. Os medicamentos podem imitar ou bloquear a ação das hormonas ao interagirem com os receptores hormonais. Por exemplo, as injecções de insulina são utilizadas para substituir ou complementar a ação da insulina endógena na diabetes.

**3. **Citocinas:**

- As citocinas são moléculas de sinalização envolvidas nas respostas imunitárias e na inflamação. As interleucinas e o fator de necrose tumoral (TNF) são exemplos de citocinas. Os medicamentos que têm como alvo os receptores de citocinas são utilizados em doenças como a artrite reumatoide (por exemplo, medicamentos anti-TNF como o infliximab).

**4. **Quimiocinas:**

- As quimiocinas são um tipo de citocina que regula especificamente a migração das células imunitárias. Os medicamentos que visam os receptores de quimiocinas podem modular as respostas imunitárias.

**5. **Prostaglandinas:**

- As prostaglandinas são mensageiros químicos derivados de lípidos envolvidos na inflamação e em vários processos fisiológicos. Os anti-inflamatórios não esteróides (AINEs) inibem as enzimas envolvidas na síntese das prostaglandinas, influenciando a inflamação e a dor.

# CAPÍTULO 3

## Interacções com receptores de medicamentos:

- As interacções fármaco-recetor envolvem a ligação de um fármaco ao seu recetor-alvo, dando início a uma série de acontecimentos que conduzem a uma resposta biológica. A especificidade destas interacções é frequentemente comparada a um modelo de chave e fechadura.

- **Agonistas:**

- Os agonistas são fármacos que se ligam aos receptores e os activam, imitando a ação dos ligandos endógenos. A morfina, por exemplo, é um agonista dos receptores opióides e produz analgesia. Os agonistas são substâncias, frequentemente fármacos ou moléculas sinalizadoras, que se ligam a receptores nas células e os activam, provocando uma resposta biológica. No contexto da farmacologia, os agonistas podem ser considerados "mimetizadores" porque imitam as acções de substâncias endógenas, como os neurotransmissores ou as hormonas, que se ligam naturalmente a estes receptores. A ativação dos receptores pelos agonistas desencadeia uma série de acontecimentos intracelulares que conduzem a respostas fisiológicas.

- Existem diferentes tipos de agonistas, incluindo agonistas totais e agonistas parciais.

- **Agonistas completos:** Estes agonistas ligam-se aos receptores e activam-nos totalmente, produzindo a resposta biológica máxima que o recetor é capaz de induzir.

- **Agonistas parciais:** Os agonistas parciais também se ligam aos receptores, mas activam-nos em menor grau do que os agonistas totais. O seu efeito máximo é menor, mesmo com a ocupação total do recetor.

- O conceito de agonistas é essencial para o desenvolvimento de medicamentos, uma vez que estes podem ser concebidos para atuar como agonistas e aumentar ou imitar os efeitos de substâncias endógenas. Isto é particularmente relevante no tratamento de várias condições médicas em que o objetivo é modular vias fisiológicas específicas. Por exemplo, os agonistas opióides são utilizados para controlar a dor ligando-se aos receptores opióides, imitando a ação das endorfinas no organismo. A compreensão das interacções agonista-recetor é crucial para adaptar as terapias medicamentosas de modo a obter os efeitos terapêuticos desejados.

**- Antagonistas:**

- Os antagonistas são medicamentos que se ligam aos receptores mas não os activam. Em vez disso, bloqueiam a ligação dos agonistas, impedindo o recetor de iniciar uma resposta. A naloxona é um antagonista dos receptores de opiáceos e é utilizada para reverter a sobredosagem de opiáceos. Os antagonistas são substâncias que se ligam aos receptores mas não os activam. Em vez disso, a sua principal função é bloquear ou inibir a ativação dos receptores por agonistas endógenos ou outras substâncias. Na sua essência, os antagonistas actuam como "bloqueadores", impedindo a ativação de uma resposta biológica.

- Existem dois tipos principais de antagonistas:

- **Antagonistas competitivos:** Estes antagonistas competem com os agonistas pela ligação ao mesmo local do recetor. Quando um antagonista competitivo se liga ao recetor, não o ativa, mas impede a ligação dos agonistas. A extensão do antagonismo pode ser ultrapassada aumentando a concentração do agonista.

- **Antagonistas não-competitivos:** Os antagonistas não competitivos ligam-se a um local no recetor que é diferente do local de ligação do agonista. A sua ligação altera a conformação do recetor, tornando-o menos reativo aos agonistas. Ao contrário dos antagonistas competitivos, neste caso, o aumento da concentração do agonista não consegue ultrapassar totalmente o antagonismo.

- Os antagonistas são cruciais em farmacologia por várias razões. Podem ser utilizados para estudar a função dos receptores e das vias de sinalização através do bloqueio seletivo da sua ativação. Em aplicações clínicas, os antagonistas são utilizados para contrariar os efeitos da ativação excessiva ou indesejada dos receptores. Por exemplo, os medicamentos antipsicóticos actuam frequentemente como antagonistas dos receptores de dopamina para modular os níveis de neurotransmissores no tratamento de certas perturbações mentais. A compreensão das propriedades dos antagonistas é essencial para a conceção de estratégias terapêuticas que envolvam a regulação da atividade dos receptores para obter os resultados fisiológicos desejados.

**Agonistas parciais:**

- Alguns medicamentos apresentam uma atividade agonista parcial, activando os receptores em menor grau do que os agonistas totais. A buprenorfina, um agonista parcial dos receptores opióides, é utilizada no tratamento da dependência de opióides.

A compreensão da interação entre mensageiros químicos e interacções com receptores de fármacos é crucial para a conceção de medicamentos que possam modular processos fisiológicos, tratar doenças e aliviar sintomas, minimizando os efeitos secundários. Este conhecimento constitui a base da farmacoterapia e do desenvolvimento de novos agentes terapêuticos.

interacções,

Os mensageiros químicos, também conhecidos como ligandos, são moléculas de sinalização que transmitem informações dentro do corpo. Estes mensageiros podem ser substâncias endógenas, como os neurotransmissores ou as hormonas, ou substâncias exógenas, como os fármacos. A interação entre estes mensageiros químicos e os seus receptores correspondentes é um aspeto crucial da farmacologia e da ação dos medicamentos.

**1. Neurotransmissores:

Os neurotransmissores são mensageiros químicos que transmitem sinais através das sinapses, as junções entre as células nervosas. Exemplos incluem a dopamina, a serotonina e a acetilcolina. Os medicamentos podem interagir com os receptores de neurotransmissores para modular a transmissão sináptica. Por exemplo, os inibidores selectivos da recaptação da serotonina (ISRS) aumentam os níveis de serotonina bloqueando a sua recaptação.

* *2. Hormonas:

As hormonas são mensageiros químicos produzidos pelas glândulas endócrinas e libertados na corrente sanguínea para regular as funções fisiológicas. Exemplos incluem a insulina, o cortisol e as hormonas da tiroide. Os medicamentos podem imitar ou bloquear a ação das hormonas ao interagirem com os receptores hormonais. Por exemplo, as injecções de insulina são utilizadas para substituir ou complementar a ação da insulina endógena na diabetes.

* *3. Citocinas:

As citocinas são moléculas de sinalização envolvidas nas respostas imunitárias e na inflamação. As interleucinas e o fator de necrose tumoral (TNF) são exemplos de citocinas. Os medicamentos que têm como alvo os receptores de citocinas são utilizados em doenças como a artrite reumatoide (por exemplo, medicamentos anti-TNF como o infliximab).

* *4. Quimiocinas:

As quimiocinas são um tipo de citocina que regula especificamente a migração das células imunitárias. Os medicamentos que visam os receptores de quimiocinas podem modular as respostas imunitárias.

* *5. Prostaglandinas:

As prostaglandinas são mensageiros químicos derivados de lípidos envolvidos na inflamação e em vários processos fisiológicos. Os anti-inflamatórios não esteróides (AINEs) inibem as enzimas envolvidas na síntese das prostaglandinas, influenciando a inflamação e a dor.

Interacções com receptores de medicamentos:

As interacções fármaco-recetor envolvem a ligação de um fármaco ao seu recetor-alvo, dando início a uma série de acontecimentos que conduzem a uma resposta biológica. A especificidade destas interacções é frequentemente comparada a um modelo de chave e fechadura.

**Agonistas:**

Os agonistas são fármacos que se ligam aos receptores e os activam, imitando a ação dos ligandos endógenos. A morfina, por exemplo, é um agonista dos receptores opióides e produz analgesia.

**Antagonistas:**

Os antagonistas são medicamentos que se ligam aos receptores mas não os activam. Em vez disso, bloqueiam a ligação dos agonistas, impedindo o recetor de iniciar uma resposta. A naloxona é um antagonista dos receptores de opiáceos e é utilizada para reverter a sobredosagem de opiáceos.

Agonistas parciais:

Alguns medicamentos apresentam uma atividade agonista parcial, activando os receptores em menor grau do que os agonistas totais. A buprenorfina, um agonista parcial dos receptores opióides, é utilizada no tratamento da dependência de opióides.

A compreensão da interação entre os mensageiros químicos e as interacções entre os receptores de medicamentos é crucial para a conceção de medicamentos que possam modular processos fisiológicos, tratar doenças e aliviar sintomas, minimizando os efeitos secundários. Este conhecimento constitui a base da farmacoterapia e do desenvolvimento de novos agentes terapêuticos.

As relações dose-resposta são conceitos fundamentais em farmacologia que descrevem a relação quantitativa entre a dose (quantidade) de um medicamento administrado e a resposta biológica provocada no organismo. Estas relações fornecem informações valiosas sobre a eficácia e a segurança de um medicamento, ajudando os profissionais de saúde a determinar a dose ideal para fins terapêuticos, minimizando os efeitos adversos. Eis os principais aspectos das relações dose-resposta:

1. **Curva Dose-Resposta:**

- Uma curva de dose-resposta é uma representação gráfica da relação entre a dose de um medicamento e a magnitude do seu efeito. A curva mostra normalmente uma resposta crescente à medida que a dose

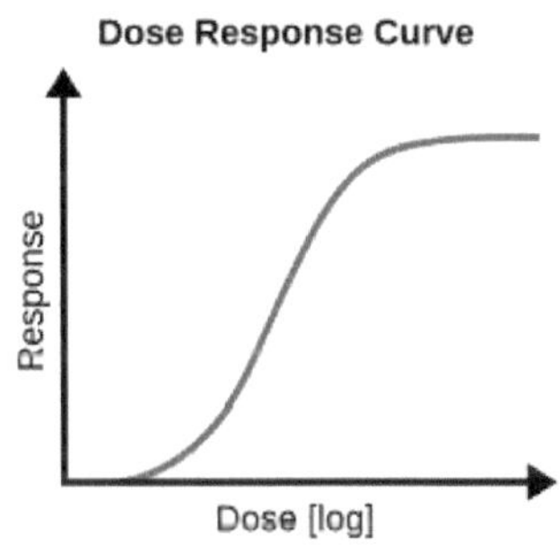


aumenta.

2. **Dose de limiar:**

- A dose limite é a quantidade mínima de um medicamento necessária para produzir um efeito detetável. Abaixo desta dose, a resposta é negligenciável ou inexistente. À medida que a dose ultrapassa o limiar, a resposta torna-se mais evidente. A dose limite é a menor quantidade ou concentração de uma substância que produz uma resposta fisiológica ou biológica detetável numa percentagem específica da população exposta. Abaixo deste limiar, não há normalmente qualquer efeito observável. O conceito é particularmente relevante em toxicologia e farmacologia, onde os investigadores têm como objetivo identificar o nível a partir do qual uma substância começa a exercer os seus efeitos.
- A compreensão da dose limite é crucial para avaliar a segurança e os riscos potenciais associados à exposição a várias substâncias, incluindo medicamentos, toxinas ambientais e produtos químicos. Os organismos reguladores estabelecem frequentemente doses limite para as substâncias, a fim de orientar as normas de segurança e as políticas regulamentares.
- Em farmacologia, o limiar de dose é um parâmetro fundamental para determinar a gama de doses efectivas para intervenções terapêuticas. Ajuda a estabelecer a quantidade mínima de um medicamento necessária para produzir um efeito terapêutico e fornece informações sobre a margem de segurança entre as doses terapêuticas e tóxicas.
- Em toxicologia, a dose limite é utilizada para definir o ponto abaixo do qual

a exposição a uma substância é considerada segura. Ajuda a estabelecer limites de exposição e contribui para os processos de avaliação de riscos. É importante notar que a variabilidade individual e factores como a idade, o sexo e as condições de saúde pré-existentes podem influenciar a dose limite para diferentes indivíduos.

- Globalmente, o limiar de dose é um conceito fundamental na avaliação do impacto das substâncias nos sistemas biológicos, orientando as considerações terapêuticas e regulamentares.

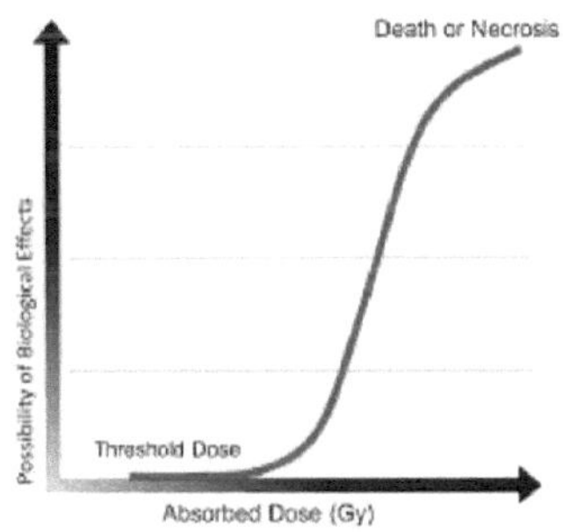

3. **Eficácia máxima:**

- A eficácia máxima representa o nível mais elevado de efeito que um medicamento pode produzir, independentemente da dose. É o limite superior da curva dose-resposta. Diferentes medicamentos podem ter diferentes graus de eficácia máxima. A eficácia máxima refere-se ao nível mais elevado de efeito terapêutico ou de resposta que um medicamento pode produzir, independentemente da dose. Por outras palavras, representa o limite superior da eficácia do medicamento, para além do qual o aumento da dose não resultará num aumento adicional da resposta desejada. Este conceito é um aspeto crucial das relações dose-resposta em farmacologia.
- Compreender a eficácia máxima de um medicamento é essencial para otimizar os resultados terapêuticos, minimizando o risco de efeitos secundários ou toxicidade. Diferentes fármacos podem ter níveis variáveis de eficácia máxima e este parâmetro ajuda os clínicos e investigadores a avaliar e comparar a eficácia de diferentes medicamentos dentro de uma classe.
- A eficácia máxima é frequentemente representada graficamente numa curva de dose-resposta. À medida que a dose de um medicamento aumenta, a resposta atinge normalmente um patamar, indicando que foi atingido o efeito terapêutico máximo. Este patamar representa o ponto de eficácia máxima na curva.
- É importante notar que o conceito de eficácia máxima é diferente de potência. A potência refere-se à quantidade de um fármaco necessária para produzir um efeito específico, enquanto a eficácia se refere ao efeito máximo que pode ser alcançado. Um medicamento altamente potente pode necessitar de

uma dose baixa para produzir o seu efeito máximo, mas a sua eficácia máxima é determinada pela natureza inerente do medicamento e pela sua interação com os alvos celulares.

- Na prática clínica, a compreensão da eficácia máxima de um medicamento ajuda a orientar as estratégias de dosagem, a informar as decisões de tratamento e a avaliar o potencial terapêutico global de um medicamento numa determinada classe terapêutica.

4. **Potência:** A potência em farmacologia refere-se à medida da quantidade ou concentração de um fármaco necessária para produzir um efeito específico. Um fármaco mais potente alcança o efeito desejado com uma dose ou concentração mais baixa em comparação com um fármaco menos potente. O conceito de potência é diferente do de eficácia, que se refere ao efeito terapêutico máximo que um medicamento pode atingir, independentemente da dose.

A potência é frequentemente quantificada através da determinação da EC50 (concentração efectiva 50%) ou ED50 (dose efectiva 50%) do fármaco, que representam a concentração ou dose em que se obtém 50% da resposta máxima. Uma EC50 ou ED50 mais baixa indica uma maior potência.

É importante notar que a potência não indica necessariamente a utilidade clínica ou a eficácia global de um medicamento. Um medicamento altamente potente pode ser vantajoso em situações em que são preferidas pequenas doses ou em que é necessário um controlo preciso do efeito terapêutico. No entanto, as decisões clínicas também têm em conta factores como a segurança, os efeitos secundários e o contexto terapêutico específico.

A potência é normalmente ilustrada numa curva dose-resposta, em que os medicamentos com maior potência atingem uma determinada resposta em concentrações mais baixas, e a inclinação da curva reflecte a potência. O termo é amplamente utilizado na comparação de medicamentos da mesma classe ou categoria, ajudando os médicos a escolher a opção terapêutica mais eficaz e eficiente para um determinado doente.

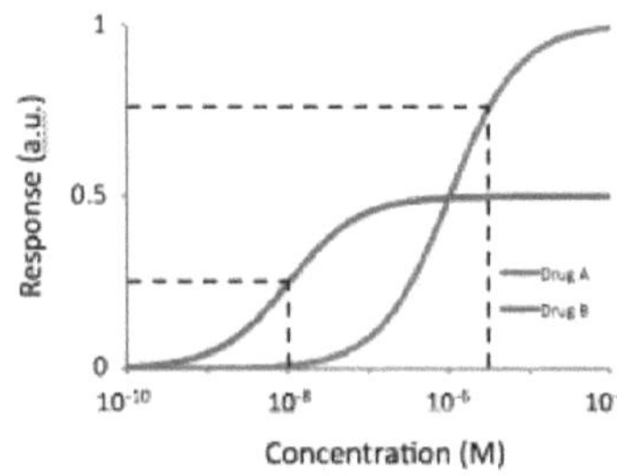


Em resumo, a potência é uma medida da força de um medicamento, indicando a quantidade de medicamento necessária para produzir um efeito específico. É uma consideração importante no desenvolvimento de medicamentos, na prescrição clínica e na investigação farmacológica.

- A potência refere-se à quantidade de um medicamento necessária para produzir um efeito específico. Os fármacos altamente potentes atingem os seus efeitos com doses mais baixas, enquanto os fármacos menos potentes requerem doses mais elevadas. A potência reflecte-se na posição da curva dose-resposta ao longo do eixo x.

5. **Eficácia:**

- A eficácia é o efeito máximo que um medicamento pode produzir, independentemente de

da dose. É representada pela altura da curva dose-resposta ao longo do eixo y. Dois medicamentos com eficácia semelhante podem diferir em potência.

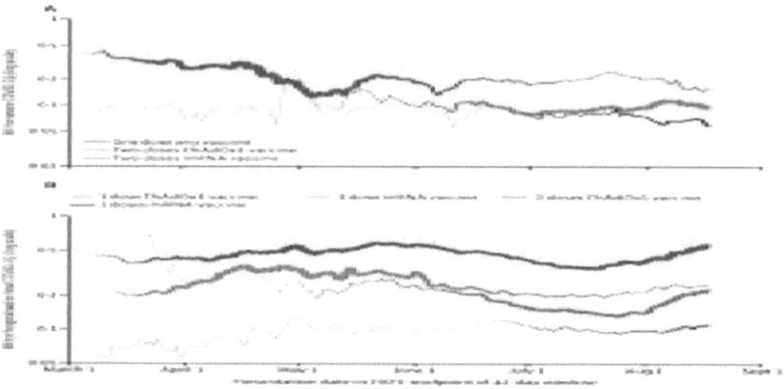

6. **Curvas Log Dose-Resposta:**

- As curvas de dose-resposta são frequentemente apresentadas numa escala logarítmica para realçar a vasta gama de doses testadas. Isto permite uma visão mais abrangente dos efeitos do fármaco em várias concentrações.

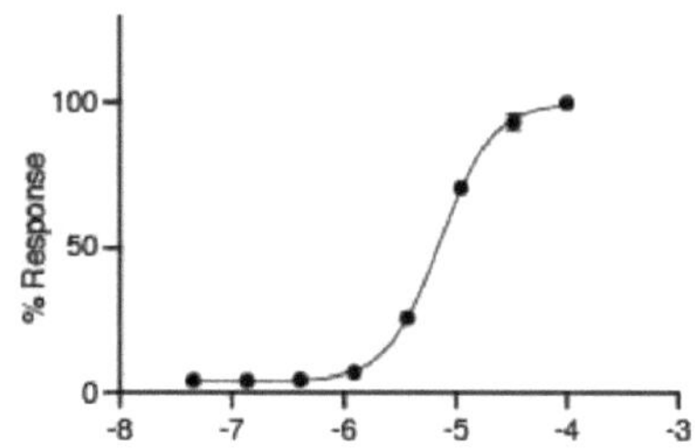


**log [Fármaco]**

7. **Índice terapêutico:**

- O índice terapêutico é a relação entre a dose que produz um efeito terapêutico e a dose que produz toxicidade. Um índice terapêutico mais elevado indica um medicamento mais seguro, uma vez que existe uma margem maior entre a dose eficaz e a dose tóxica.

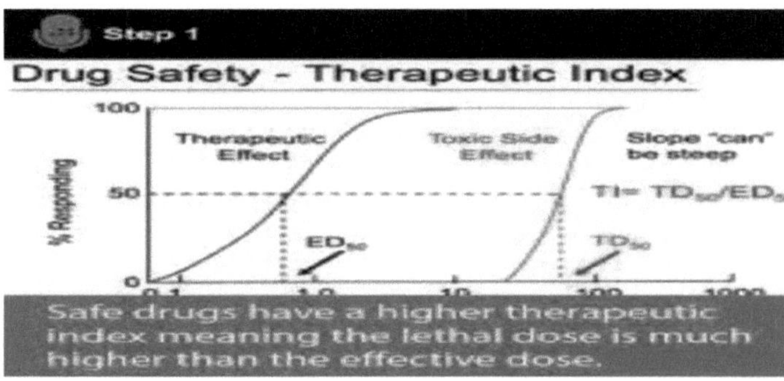

8. **Inclinação da curva:**

- A inclinação da curva dose-resposta reflecte a sensibilidade do organismo às alterações da concentração do fármaco. Uma curva mais acentuada indica uma maior sensibilidade, enquanto uma curva menos acentuada sugere uma menor sensibilidade.

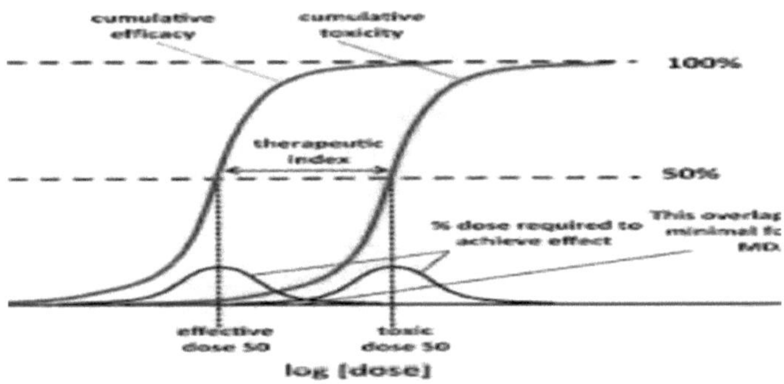

9. **Variabilidade individual:**

- A variabilidade individual na resposta a um medicamento pode ser influenciada por factores como a genética, a idade, o sexo e a presença de outras doenças ou medicamentos. Compreender esta variabilidade é crucial para adaptar a terapêutica medicamentosa a cada doente.

10. **Aplicações clínicas:**

- As relações dose-resposta orientam os médicos na determinação da dosagem adequada para a eficácia terapêutica, minimizando o risco de efeitos adversos. Ajuda na seleção e no ajuste de regimes de medicamentos para obter resultados óptimos para os doentes.

A compreensão das relações dose-resposta é fundamental no domínio da farmacologia e é essencial para uma administração segura e eficaz dos medicamentos. Constitui a base para o desenvolvimento de medicamentos, recomendações de dosagem e tomada de decisões clínicas nos cuidados de saúde.

CAPÍTULO 4

# Potência e eficácia dos medicamentos: Perspectivas abrangentes sobre conceitos farmacológicos

**Potência do medicamento:**

**Definição:** A potência em farmacologia refere-se à quantidade ou concentração de um fármaco necessária para produzir um efeito específico. É uma medida da atividade do fármaco no local-alvo e é frequentemente quantificada através da comparação de doses de diferentes fármacos necessárias para obter a mesma magnitude de efeito. Quanto mais potente for um fármaco, menor será a dose necessária para obter uma resposta específica.

**Quantificação:** A potência é quantificada através da comparação das doses de diferentes medicamentos necessárias para produzir um efeito comparável. Por exemplo, se o medicamento A requer uma dose mais baixa (por exemplo, 10 mg) para produzir um efeito terapêutico em comparação com o medicamento B (por exemplo, 50 mg), o medicamento A é considerado mais potente.

**Implicações clínicas:** A potência influencia vários aspectos práticos da administração de medicamentos. Os fármacos com maior potência podem permitir tamanhos de comprimidos mais pequenos, dosagem mais conveniente e potencialmente menos efeitos secundários. No entanto, é importante notar que a potência não indica o efeito máximo que um medicamento pode atingir.

**Eficácia do medicamento:**

**Definição:** A eficácia é o efeito máximo que um medicamento pode produzir, independentemente da dose. Representa a capacidade inerente de um medicamento para provocar uma resposta e reflecte-se na altura da curva dose-resposta. Ao contrário da potência, a eficácia não é facilmente quantificável em termos numéricos.

**Quantificação:** A eficácia é avaliada observando a resposta máxima que se pode obter com um medicamento. Se o fármaco C e o fármaco D produzirem o mesmo efeito terapêutico nas suas respectivas doses máximas, considera-se que têm uma eficácia semelhante, independentemente da sua potência.

**Implicações clínicas:** A eficácia é uma consideração crucial na seleção de medicamentos para objectivos terapêuticos específicos. O objetivo dos médicos é escolher medicamentos com eficácia suficiente para alcançar os resultados clínicos desejados. É essencial para determinar o potencial terapêutico máximo do fármaco.

**Relação entre potência e eficácia:**

**Características independentes:** A potência e a eficácia são características independentes dos medicamentos. Um fármaco altamente potente pode ou não ter uma eficácia elevada, e vice-versa. Um fármaco pode ser mais potente sem ter necessariamente uma maior eficácia.

**Otimização da terapêutica:** Na prática clínica, o objetivo é frequentemente utilizar medicamentos que sejam simultaneamente potentes e eficazes. No entanto, pode haver situações em que um medicamento menos potente com elevada eficácia é preferível para minimizar o risco de efeitos secundários ou toxicidade.

**Curva de dose resposta:** A curva dose-resposta é uma representação gráfica que ilustra tanto a potência (posição ao longo do eixo x) como a eficácia (altura da curva). A compreensão desta curva é essencial para os clínicos interpretarem e compararem as características farmacológicas de diferentes medicamentos.

**Considerações clínicas:**

**Variabilidade individual:** Factores como a genética, a idade e o estado geral de saúde podem influenciar as respostas individuais aos medicamentos. A adaptação dos planos de tratamento para otimizar os benefícios terapêuticos e minimizar os efeitos adversos requer uma compreensão abrangente da potência e da eficácia.

**Índice terapêutico:** O índice terapêutico, a relação entre a dose que produz um efeito terapêutico e a dose que causa toxicidade, é influenciado tanto pela potência como pela eficácia. Os medicamentos com um índice terapêutico mais alargado são geralmente considerados mais seguros.

Em conclusão, compreender a potência e a eficácia dos medicamentos é fundamental para a compreensão farmacológica e a prática clínica. Encontrar um equilíbrio entre estas características é crucial para adaptar as terapias medicamentosas a cada doente, otimizar os benefícios terapêuticos e garantir a segurança do doente.

O efeito combinado de medicamentos, frequentemente designado por interacções medicamentosas, ocorre quando os efeitos de um medicamento são alterados pela presença de outro medicamento. Estas interacções podem conduzir a efeitos aditivos, sinérgicos ou antagónicos, influenciando o resultado terapêutico global ou os efeitos secundários. A compreensão dos efeitos combinados dos medicamentos é crucial em farmacologia e na prática clínica. Eis os principais aspectos das interacções medicamentosas:

1. **Efeitos aditivos:**

- **Definição:** Os efeitos aditivos ocorrem quando o efeito combinado de dois medicamentos é igual à soma dos seus efeitos individuais. Por outras palavras, os fármacos actuam de forma independente e os seus efeitos são simplesmente somados.
- **Exemplo:** Se o medicamento A reduzir a tensão arterial em 10 mmHg e o medicamento B também reduzir a tensão arterial em 10 mmHg, o efeito combinado dos dois medicamentos será uma redução de 20 mmHg na tensão arterial.

2. **Efeitos sinérgicos:**

- **Definição:** Os efeitos sinérgicos ocorrem quando o efeito combinado de dois medicamentos é maior do que a soma dos seus efeitos individuais. A interação aumenta ou amplifica a resposta global.
- **Exemplo:** Se o fármaco C e o fármaco D, cada um reduzindo a dor independentemente em 30%, forem administrados em conjunto, o seu efeito combinado pode resultar numa redução da dor superior a 60%.

3. **Efeitos antagónicos:**

- **Definição:** Os efeitos antagónicos ocorrem quando o efeito combinado de dois medicamentos é menor do que a soma dos seus efeitos individuais. Um fármaco pode neutralizar ou diminuir os efeitos do outro.
- **Exemplo:** Se o fármaco X tiver um efeito sedativo e o fármaco Y tiver um efeito estimulante, a administração conjunta pode reduzir o efeito sedativo do fármaco X, conduzindo a um menor efeito sedativo global.

4. **Interacções farmacocinéticas:**

- **Definição:** As interacções farmacocinéticas envolvem alterações na absorção, distribuição, metabolismo ou excreção dos medicamentos. Estas interacções podem afetar a concentração dos medicamentos no organismo e alterar os seus efeitos terapêuticos ou tóxicos.

- **Exemplo:** O fármaco E pode inibir o metabolismo do fármaco F, conduzindo a um aumento dos níveis do fármaco F na corrente sanguínea e causando potencialmente toxicidade.

5. **Interacções farmacodinâmicas:**

- **Definição:** As interacções farmacodinâmicas envolvem alterações dos efeitos dos medicamentos nos seus locais de ação. Isto pode resultar em alterações da intensidade ou da duração da resposta terapêutica.

- **Exemplo:** A combinação de dois medicamentos com mecanismos de ação semelhantes, como o facto de ambos serem agonistas do mesmo recetor, pode conduzir a uma resposta melhorada.

6. **Variação individual na resposta aos medicamentos:**

- **Factores:** A variabilidade individual na resposta aos medicamentos pode ser influenciada por factores genéticos, idade, sexo e presença de outras doenças ou medicamentos. Certos indivíduos podem ser mais susceptíveis a interacções medicamentosas.

7. **Considerações clínicas:**

- **Monitorização:** Os profissionais de saúde devem monitorizar cuidadosamente os doentes para detetar potenciais interacções medicamentosas, especialmente quando são prescritos vários medicamentos.

- **Ajuste de dosagens:** Dependendo da natureza da interação, podem ser necessários ajustes de dosagem ou alterações no regime do medicamento para otimizar os resultados terapêuticos e minimizar os efeitos adversos.

Compreender os efeitos combinados dos medicamentos é fundamental para que os profissionais de saúde possam tomar decisões informadas sobre a terapêutica medicamentosa. Este conhecimento orienta a utilização segura e eficaz dos medicamentos, garantindo que os doentes recebem o máximo benefício terapêutico e minimizando o risco de efeitos adversos.

## COCLUSÃO

Em conclusão, a compreensão dos conceitos-chave da farmacodinâmica, das relações dose-resposta, da potência e da eficácia dos medicamentos, dos mensageiros químicos e dos efeitos combinados dos medicamentos é fundamental no domínio da farmacologia e da prática clínica.

A farmacodinâmica elucida os mecanismos intrincados através dos quais os fármacos exercem os seus efeitos, realçando o papel fundamental dos receptores e as diversas formas como os fármacos interagem com eles. Os princípios da ação dos fármacos, quer através da ligação aos receptores, quer através da inibição enzimática ou da modulação das funções celulares, fornecem uma base para o desenvolvimento de fármacos e intervenções terapêuticas.

As relações dose-resposta oferecem um quadro quantitativo para avaliar a relação entre a dosagem do medicamento e a resposta biológica. Este conhecimento ajuda a otimizar a terapia medicamentosa, a determinar a potência e a eficácia, e a compreender o índice terapêutico para aplicações clínicas seguras e eficazes.

A distinção entre a potência e a eficácia dos medicamentos é essencial. A potência reflecte a quantidade de medicamento necessária para um efeito específico, influenciando os aspectos práticos da administração do medicamento. Por outro lado, a eficácia representa o potencial máximo de um fármaco para provocar uma resposta, orientando os clínicos na seleção de fármacos para obter resultados terapêuticos óptimos.

Os mensageiros químicos desempenham um papel crucial na sinalização celular e as interacções entre fármacos e receptores constituem uma porta de entrada para intervenções farmacológicas. A compreensão da forma como os fármacos interagem com neurotransmissores, hormonas e outras moléculas de sinalização permite estratégias terapêuticas específicas.

Por último, os efeitos combinados dos medicamentos, caracterizados por interacções aditivas, sinérgicas ou antagónicas, realçam a complexidade da farmacoterapia. Considerar a variabilidade individual, as interacções farmacocinéticas e farmacodinâmicas e ajustar os regimes de medicamentos em conformidade é vital para garantir a segurança do doente e maximizar os benefícios terapêuticos.

Na prática clínica, esta compreensão abrangente dos princípios farmacológicos informa os profissionais de saúde na adaptação das terapias medicamentosas às necessidades individuais dos doentes, optimizando os resultados e minimizando os efeitos adversos. O avanço contínuo do conhecimento farmacológico contribui para o desenvolvimento de agentes terapêuticos inovadores, moldando o panorama da medicina moderna.

# Referências

1. **Hansch, C., & Fujita, T. (1964).** p-σ-π Analysis. Um método para a correlação da atividade biológica e da estrutura química. Jornal da Sociedade Americana de Química, 86(8), 1616-1626.

2. **Katzung, B. G. (2017).** Farmacologia Básica e Clínica. McGraw-Hill Education.

3. **Papadopoulos, N., & Lennard, M. S. (2003).** A influência da genética na resposta aos medicamentos. Em J. G. Hardman, L. E. Limbird, A. G. Gilman (Eds.), Goodman & Gilman's The Pharmacological Basis of Therapeutics (10ª ed., pp. 53-71). McGraw-Hill Medical.

4. **Golan, D. E., Tashjian, A. H., & Armstrong, E. J. (2017).** Princípios de Farmacologia: A base fisiopatológica da terapia medicamentosa. Wolters Kluwer.

5. **Rang, H. P., Dale, M. M., Ritter, J. M., & Flower, R. J. (2015).** Farmacologia de Rang & Dale. Churchill Livingstone.

6. **Brunton, L. L., Hilal-Dandan, R., & Knollmann, B. C. (2018).** Goodman & Gilman's: A Base Farmacológica da Terapêutica. McGraw-Hill Education.

7. **Talbert, R. L., DiPiro, J. T., Matzke, G. R., Wells, B. G., & Posey, L. M. (2017).** Farmacoterapia: Uma abordagem fisiopatológica. McGraw- Hill Education.

8. **Lauffenburger, D. A., & Linderman, J. J. (1993).** Receptors: Models for Binding, Trafficking, and Signaling. Oxford University Press.

9. **Levitzki, A., & Gilon, C. (2010).** A base molecular da ação dos medicamentos. Springer.

10. **Silverman, R. B., & Holladay, M. W. (2018).** A química orgânica do design e ação de drogas. Imprensa académica.

11. **Voet, D., Voet, J. G., & Pratt, C. W. (2016).** Fundamentos de Bioquímica: Life at the Molecular Level. Wiley.

12. **Aronoff, G. R. (2007).** Interacções medicamentosas: Protecting Yourself from Dangerous Drug, Medication, and Food Combinations (Protegendo-se de Combinações Perigosas de Drogas, Medicamentos e Alimentos). Simon and Schuster.

MIX
Papier aus verantwortungsvollen Quellen
Paper from responsible sources
FSC® C105338

Printed by Books on Demand GmbH, Norderstedt / Germany